지구를 위해 달려라
스마트 시티

내일의 공학 06

지구를 위해 달려라, 스마트 시티

초판 1쇄 펴낸날 2024년 11월 22일

글   박열음
그림   김주희
펴낸이   홍지연

편집   고영완 전희선 조어진 이수진 김신애
디자인   이정화 박태연 박해연 정든해
마케팅   강점원 최은 신종연 김가영 김동휘
경영지원   정상희 여주현

펴낸곳   ㈜우리학교
출판등록   제313-2009-26호(2009년 1월 5일)
제조국   대한민국
주소   04029 서울시 마포구 동교로12안길 8
전화   02-6012-6094
팩스   02-6012-6092
홈페이지   www.woorischool.co.kr
이메일   woorischool@naver.com

ⓒ박열음, 2024
ISBN 979-11-6755-302-7 (73530)

• 사진 저작권
  27쪽 ⓒ픽사베이
  29, 39, 45, 66, 72쪽 ⓒ셔터스톡
  44, 45, 53, 101쪽 ⓒ헬로아카이브

만든 사람들
편집 탁산화
디자인 이든디자인   **아트디렉팅** Studio Marzan

지구를 위해 달려라
스마트 시티

박열음 글 ◆ 김주희 그림

우리학교

스마트 시티로 함께 떠나요

지금 이 책을 읽고 있는 여러분은 어디에서 살고 있나요? 한국의 어느 대도
시일까요, 아니면 조금 더 작은 도시 또는 시골일까요? 혹시 조용하고 여유
로운 마을에 살고 있나요? 그것도 아니면 한국이 아닌 먼 나라에서 이 글을
읽고 있을 수도 있겠네요.

도시와 시골은 저마다의 매력을 지니고 있어요. 시골은 깨끗한 자연과 신선
한 공기를 제공하며, 여유로운 삶을 살아갈 수 있는 곳이에요. 반면에 도시
는 편리한 교통, 다양한 문화, 많은 기회가 있는 곳이지요. 학교와 도서관,
병원과 상점 등 모든 것이 가깝고 생활이 편리하기 때문에 많은 사람이 도
시에서의 삶을 선호해요.

그러나 도시가 점점 붐비고 복잡해지면서, 각종 공해가 발생하고 스트레스
를 일으켜 살기 어려운 곳으로 변하고 있는 것도 사실이에요. 이러한 문제를
해결하기 위해 사람들은 더욱 편리하고 자연환경이 잘 보존된 살기 좋은 도
시를 만들기 위한 방법을 고민하게 되었어요.

그 해결책 중 하나가 바로 '스마트 시티'랍니다. 스마트 시티는 인터넷, 스
마트폰, 인공 지능 등 최첨단 기술을 적용해 도시의 모습을 완전히 바꾸고

있어요. 사람들은 스마트 시티 기술로 도시를 더 효율적이고 살기 편한 공간으로 만들고 있지요.

하지만 스마트 시티는 단순히 도시를 최첨단 기술로 채우는 것이 아니에요. 사람들이 더 편안하고 안전하게 생활할 수 있는 공간을 만드는 데 목적이 있지요.

스마트 시티는 사람들에게 깨끗한 환경과 경제적인 생활을 제공하기 위해 다양한 기술을 결합한 도시예요. 스마트 시티 안에는 어떤 혁신적인 기술들이 숨겨져 있을까요? 이제부터 스마트 시티 속 다양한 기술들에 대해 알아볼까요?

박열음

목 차

스마트 시티에서
살면

왜 도시에 살까?

까마득한 옛날에는 사람들이 모두 드넓은 평야와 산을 떠돌며 살았어요. 나무에 달린 열매를 따 모으고 매머드나 멧돼지 같은 커다란 동물을 사냥하며 먹을 것을 구했지요. 사냥한 동물의 가죽으로는 옷을 만들었어요.

그러다 주변에 열린 열매를 다 따 먹고, 사냥할 동물이 줄어들면 다른 곳으로 이동했어요. 튼튼한 집을 지어 봤자 아무 쓸모가 없었지요.

사람들은 동물 가죽과 나뭇가지를 이용해 움막을 세우고 그 아래에서 잠을 잤어요. 이동할 때는 움막을 걷고 열매와 사냥감이 가득한 새로운 땅을 찾아 떠났어요. 하지만 언제까지나 이런 생활을 계속할 수는 없었답니다.

사람들은 안전하게 식량을 구하고 배불리 먹기 위해 농사를 짓기 시작했어요. 농사를 지으려고 넓은 평지에 터를 잡고 정착했지요. 많은 사람이 한곳에 모여 살면서 힘을 합치니 호랑이나 늑대 같은 무서운 맹수도 쫓아낼 수 있었어요. 덕분에 모두가 안전해졌어요.

그러자 점점 더 많은 사람이 모여들었어요. 아이들이 성장해 어른이 되고, 아기를 낳았어요. 한곳에 모여 사는 사람의 수는 시간이 지날수록 계속 늘었지요. 집이 많아지고 길도 복잡하게 얽혔어요. 그렇게 작은 마을이 생기고, 마을이 점점 커지며 도시가 되었어요.

세계 곳곳의 크고 유명한 도시들은 어떻게 생겨나고 발전했을까요? 이탈리아의 수도인 로마는 지금으로부터 약 1만 5,000년 이전부터 사람이 살았어요. 로마에는 언덕이 여러 개 있는데, 그 언덕 기슭에 집을 짓고 살기 시작했지요.

　로마는 날씨가 따뜻해 살기 좋은 도시였어요. 비도 적당히 오고 여름에는 햇빛이 충분해 농사짓기도 좋았어요. 그래서 많은 사람이 로마로 모여들었고, 로마 곳곳에 자리 잡은 마을은 점점 커져 나중에는 커다란 도시가 되었어요. 그리고 훗날 로마 제국이라는 커다란 제국이 등장하지요.

미국에서 가장 큰 도시인 뉴욕은 매우 크고 현대적인 건물들이 가득한 곳이에요. 세계 경제와 외교의 중심지일 뿐만 아니라 국제 연합(UN)의 본부도 있지요.

지금은 자유의 여신상이 웅장하게 서 있는 뉴욕도 처음에는 작은 항구 도시로 시작했답니다. 유럽 사람들이 아메리카 대륙을 발견하고 탐험할 당시, 탐험대의 배를 드나들게 하려고 만든 도시거든요. 그때는 네덜란드 사람이 많아 '뉴 암스테르담'이라는 이름으로 불렸답니다.

뉴욕을 드나들던 탐험가들이 근처 강에 서식하는 비버들을 발견했어요. 곧 사냥꾼들이 모여들었고, 비버를 사냥해 가죽을 벗겨 비싸게 팔기 시작했어요. 상인들은 배에 비버 가죽을 가득 싣고 바다 건너 유럽으로 가서 비싸게 팔았어요. 많은 상인이 뉴욕을 통해 미국과 유럽을 오갔지요.

상인들은 점차 비버 가죽 외에 다른 물건도 사고팔기 시작했어요. 뉴욕은 곧 유럽과 아메리카 대륙을 잇는 상업 도시로 발전했어요. 그리고 지금은 세계에서 가장 크고 유명한 도시 중 하나랍니다.

우리나라의 서울도 아주 오래된 도시예요. 서울은 도시를 가로지르는 한강 덕분에 큰 도시가 될 수 있었어요. 우리나라는 장마철마다 비가 많이 내리는데, 이 비가 산에 쌓여 있는 흙과 영양분을 씻어 내리고 한강을 타고 흐르게 만들어요. 한강을 타고 흐르는 흙과 영양분은 한강 하류인 서울 근처에 차곡차곡 쌓이지요. 덕분에 서울은 농사가 아주 잘되는 곳이 되었어요.

서울은 삼국 시대부터 중요한 도시였어요. 백제가 처음 수도로 삼은 이후, 고구려와 신라도 서울을 손에 넣으려 애썼지요. 그 이후로도 발전을 거듭해 지금의 서울이 되었어요.

이렇게 도시는 오랜 세월을 거쳐 지금까지 발전해 왔어요. 그리고 지금도 점점 커지고 있지요. 도시는 일자리가 풍부하고, 물건을 사고팔기 쉬울 뿐만 아니라 도서관이나 영화관, 각종 문화 시설 등 놀거리, 즐길거리가 많기 때문이에요.

하지만 도시가 너무 커지며 문제점도 생겨났어요. 도시에 사람이 너무 많아지면서 도로는 점점 복잡해지고 건물은 빼곡해졌어요. 그 때문에 도시에 사는 사람들은 여러 가지 불편을 겪게 되었지요.

도시 곳곳에 미처 치우지 못한 쓰레기가 넘쳐 났고, 그 쓰레기들은 주변 환경을 빠르게 오염시켰어요. 또 도시로 몰린 사람들 때문에 물과 에너지가 부족해졌어요. 각종 사고가 늘었고, 생활 환경도 열악해졌지요.

그뿐만이 아니에요. 도시의 면적이 넓어지며 점차 많은 지역이 단단한 콘크리트 바닥으로 뒤덮이는 것도 문제였어요. 도시가 숲과 풀밭을 침범해 그 땅에서 살아가던 동물과 식물의 서식지를 망가뜨린 것이지요.

미래의 도시는 스마트 시티

사람들은 도시에서 발생한 문제를 해결하기 위해 노력했어요. 교통 체증을 해소하고 복잡한 도로 문제를 해결하는 방법이나 쓰레기를 줄일 방법 등을 찾았지요. 어떡하면 도시를 살기 편한 곳으로 만들 수 있을까 고민했어요.

사람들은 문제의 원인에 따라서 도로를 다시 내고 건물을 허물었다 다시 지었어요. 도시를 고치거나 새로운 도시를 만든 거예요. 이렇게 만들어진 도시를 '계획도시'라고 해요.

하지만 계획도시는 기존의 도시가 가진 문제들을 전부 해결하지는 못했어요. 조금 나아지게 했을 뿐이지요. 도시에 사는 사람들의 삶의 방식에 따라 도시가 계속해서 변했기 때문이에요.

미국 미시간주의 공업 도시인 디트로이트는 한때 자동차 공장이 가득 들어선 곳이었어요. 하지만 일본에서 만든 값싼 자동차가 미국으로 수입되며 자동차 공장들은 폭삭 망해 버렸어요. 일자리를 잃은 사람들이 잔뜩 생겨났고, 이 도시에는 사건, 사고가 증가했지요. 이 문제를 해결하기 위해 사람들은 낡은 건물을 부수고 새 건물을 지었어요. 도시 외곽에 새 공장도 건설했고요.

　이런 노력 덕분에 디트로이트의 바깥쪽은 다시 살기 좋은 도시
가 되었어요. 하지만 도시 중심부는 그렇지 못했어요. 여전히 여러
가지 문제가 일어났고, 사람들은 계속 빠져나갔어요. 디트로이트
를 되살리려는 계획은 절반만 성공한 거예요.

　이런 문제는 어떻게 해결해야 할까요? 사람들은 그 답을 '스마
트 시티'에서 찾았어요.

스마트 시티는 정보 통신 기술을 이용해 도시의 주요 기능을 지능형으로 네트워크화한 첨단 도시를 말해요. 새로운 방법으로 기존의 도시가 가지고 있던 문제를 해결하려 한 도시지요. 꼭 도시 자체가 지능을 가지고 있는 것처럼 똑똑하다고 해서 스마트 시티라고 불러요.

첨단 기술이 적용되었다고 해서 모두 스마트 시티는 아니에요. 사물을 연결해서 여러 정보를 수집할 수 있고, 그 정보를 바탕으로 도시의 자원과 사람을 움직일 수 있어야 스마트 시티라고 할 수 있지요.

스마트 시티는 컴퓨터와 인터넷이 발달하면서 만들어질 수 있었어요. 컴퓨터는 1940년대에 처음 만들어졌지만, 1970년대부터 널리 쓰이기 시작했어요. 이와 함께 1990년대부터 널리 퍼진 인터넷은 은행과 공장, 정부와 가정 등에서 폭넓게 쓰이며 사람들의 생활을 바꿔 놓았지요. 컴퓨터와 인터넷 덕분에 우리 삶은 정말 편리해졌어요. 그리고 무엇보다 도시 곳곳을 연결해 스마트 시티의 바탕을 마련해 주었지요.

도시가 인터넷으로 연결되면 여기저기로 정보를 빠르게 옮길 수 있어요. 어떤 정보를 옮기냐고요? 도시 어딘가에서 교통사고가 났다거나 어느 지역에 쓰레기가 가득 쌓여 있다는 정보들이지요. 정보를 수집한 뒤 인터넷을 통해 재빠르게 전달하면 경찰차나 구급차, 청소차가 때맞춰 출동할 수 있답니다.

우리나라는 큰 사고를 겪은 후 스마트 시티를 연구하기 시작했어요. 1994년과 1995년에 일어난 대형 화재로 많은 사람이 다치거나 목숨을 잃었어요. 그런데 이 두 사고는 공사 중에 실수로 지하에 묻힌 가스관을 건드리는 바람에 일어난 화재였어요. 가스관에 상처가 나자 가스가 뿜어져 나왔고, 거기에 불이 붙어 폭발이 일어나 곳곳에 불이 번진 것이지요.

> **"**
>
> 1994년 12월, 서울 아현동에서 도시가스 공사 중 **가스 폭발 사고**가 일어났어요. 이 사고로 12명이 죽고 101명이 부상을 입었어요. 1995년 4월 대구에서도 공사 중 도시가스관을 확인하지 않고 땅을 파는 바람에 관에 구멍이 나 큰 폭발 사고로 이어졌어요. 이 사고로 10명이 죽고 202명이 다치는 등 큰 피해를 입었어요.
>
> **"**

이런 사고들이 다시 일어나는 것을 막기 위해 우리나라는 건물이나 도로, 지하에 묻힌 가스관과 수도관의 위치를 정확히 기록하고 관리하기 시작했어요.

정확한 지도를 만들면 공사할 때 미리 위치를 알고 피해 갈 수 있어요. 그리고 그 자료는 스마트 시티를 만드는 바탕이 되기도 하지요.

도시는 사람들의 편리한 삶을 위해 필요한 공간이지만, 환경을 많이 오염시키기도 해요. 많은 사람이 사는 만큼 도시는 에너지와 물, 여러 가지 물건들을 많이 사용하는데 그만큼 쓰레기도 많이 나오거든요. 그래서 도시에서 발생하는 환경 오염을 줄이고 자연과 함께하는 도시를 만들기 위해 스마트 시티 기술을 이용해요.

이런 측면에서 보면 스마트 시티는 환경을 위한 도시라고 할 수 있어요. 그래서 스마트 시티 중에서도 지구 환경을 지키는 데 특별히 관심을 기울이는 스마트 시티를 따로 '스마트 그린 시티'라고 부르기도 한답니다.

스마트 그린 시티는
똑똑하고 편리하면서,
자연과 함께하는 새로운 도시야.

어떡하면 도시가 똑똑해질까?

스마트 시티를 만들려면 인터넷이 꼭 필요해요. 도시 곳곳을 연결하기 위해 전부 전화를 걸 수는 없으니까요.

일단 인터넷으로 도시 곳곳을 연결해 두면 그때부터는 자동으로 정보를 주고받을 수 있어요. 그러면 정보를 정리해 필요한 곳에 이용할 수 있지요. 하지만 이게 그리 간단한 일은 아니에요. 도시 하나에서 쏟아지는 정보만 해도 정말 많아서, 정보를 모두 모으고 정리하기 쉽지 않거든요.

그래서 스마트 시티를 만들기 위해서는 두 가지 기술이 더 필요해요. 바로 'ICT'와 'AI'예요.

ICT는 정보를 의미하는 'Information'과 소통을 의미하는 'Communication' 그리고 기술이란 뜻의 'Technology'의 앞 자를 따서 줄인 말이에요. 사람과 사람뿐 아니라 사람과 기계, 기계와 기계끼리도 정보를 주고받는 기술이지요. 그중에서도 특히 유비쿼터스 또는 사물인터넷이라 부르는 기술이 중요하답니다.

사물인터넷은 이미 우리의 생활 속에서 다양하게 쓰이고 있어요. 예를 들어 스마트 TV는 방송국에서 보내는 방송만 볼 수 있던 TV에 인터넷을 연결한 가전제품이에요. TV에 인터넷을 연결하면 컴퓨터가 없어도 유튜브나 넷플릭스 같은 스트리밍 서비스를 이용할 수 있어요. 또 와이파이로 스마트폰과 연결하면 음성 인식만으로 TV를 켜고 끄거나 채널을 바꿀 수 있지요.

스마트 시티는 도시 전체가 인터넷으로 연결되어 있어요. 카메라로 도로 위의 자동차를 세어 길이 얼마나 막히는지 알아내면, 그 정보를 빠르게 다른 곳으로 전달해요. 그리고 원인을 파악해 길이 막히는 문제를 신속하게 해결하지요. 마치 스마트 TV와 스마트폰이 와이파이로 연결된 것처럼, 도시 곳곳이 인터넷으로 연결된 거예요.

인공 지능을 의미하는 AI는 스마트 시티를 만들고 운영하는 데 꼭 필요한 기술이에요. AI는 'Artificial Intelligence'를 줄인 말로, 사람처럼 생각할 수 있는 컴퓨터 시스템이지요.

AI는 우리 생활 곳곳에 쓰이고 있어요. 사진을 간단하게 편집한다거나 스팸 메일을 걸러 주거나 지도 앱에서 빠른 길을 찾아 주는 등 이미 여러 방면에서 도움을 주고 있지요.

무엇보다 AI는 도시의 수많은 정보를 빠르고 정확하게 분석해 스마트 시티가 제대로 움직일 수 있게 도와줘요. AI는 사람보다 훨씬 더 많은 정보를 분석하고 정리할 수 있거든요. 물론 충분히 좋은 컴퓨터가 필요하지만요!

나한테 맡겨!

AI의 또 다른 장점은 쉬지 않고 일할 수 있다는 거예요. 컴퓨터를 잘 점검하고 수리하기만 하면 하루 24시간 동안 수많은 정보를 정리하고 처리할 수 있지요. AI 덕분에 스마트 시티는 언제, 어떤 일이 생기더라도 재빠르게 대처할 수 있어요.

그렇다고 해서 AI에게만 스마트 시티를 맡길 수는 없어요. AI가 오류를 일으키지 않도록 사람이 관리하고 감시해야 하지요.

스마트 시티를 찾아서

스마트 시티는 이미 세계 여러 나라에서 만들어지고 있어요. 각 나라의 사정에 맞게 스마트 시티를 개발하고 있지요. 처음 도시를 계획할 때부터 스마트 시티로 만드는 경우도 있지만, 이미 발전된 큰 도시를 스마트 시티로 개조하기도 한답니다.

단번에 모든 것이 완성된 미래의 도시를 만들기는 쉽지 않아요. 그래서 스마트 시티에 필요한 기술을 하나하나 시험 삼아 적용해 보며 유용한 스마트 시티 기술을 찾아내는 중이지요.

스마트 시티는 어디서부터 어디까지가 스마트 시티라는 기준이 명확하게 정해져 있지는 않아요. 스마트 시티 기술을 이용해 우리의 삶을 편리하게 만들고, 지구와 환경을 지키려 노력하는 도시라면 모두 스마트 시티의 자격이 있지요.

스마트 시티에
합격, 불합격은 없어요.

덴마크의 수도인 코펜하겐은 유명한 스마트 시티 중 하나예요. 코펜하겐은 북유럽에서 가장 큰 도시이자 약 900년 전에 만들어진 유럽의 역사 깊은 도시예요. 농업이 발달하고, 젖소를 많이 키우는 낙농 국가로도 유명하지요. 그런 도시가 지금은 첨단 과학 기술을 적용해 스마트 시티로 바뀌어 가고 있답니다.

코펜하겐의 모습

코펜하겐은 사람들의 삶을 편리하게 해 주는 스마트 시티 기술에 주목하고 있어요. 예를 들어 자동차를 주차할 때, 스마트폰으로 남은 주차 공간을 찾을 수 있어요. 또 앱으로 전자 교통 카드를 사면 표를 찍지 않고도 버스, 지하철 할 것 없이 마음껏 탈 수 있어요. 올라타기만 해도 저절로 요금을 내는 기술 덕분이지요.

코펜하겐은 환경을 생각하는 스마트 그린 시티가 되려는 노력도 빼놓지 않았어요. 코펜하겐의 가로등은 대부분 스마트 LED 가로등이에요. 이 가로등은 보통의 가로등보다 훨씬 적은 전기를 사용해 밝은 불빛을 낼 수 있어요. 또 주변 밝기를 감지해 저절로 불을 꺼 전기를 절약하기도 하지요.

싱가포르도 스마트 시티에서 빼놓을 수 없는 도시예요. 싱가포르는 영토가 아주 작은 나라예요. 나라에 도시가 하나밖에 없어요. 그러다 보니 많은 사람이 몰려 살며 여러 문제가 생겼답니다. 그래서 한때는 길에 쓰레기를 버리기만 해도 많은 벌금을 내게 하는 등 엄격한 법으로 도시를 관리했어요. 하지만 현재 싱가포르는 이런 엄격한 법이 없어도 살기 좋은 곳이 되고 있어요. 스마트 시티 기술을 이용해서 말이지요!

싱가포르

　싱가포르에서도 코펜하겐처럼 일상을 편리하게 만드는 스마트 시티 기술을 사용해요. 그리고 거기에 더해, 일하거나 공부할 때도 스마트 시티 기술을 쓰지요. 대학교나 연구원을 기업과 연결하면 기업은 새로 개발된 기술을 쉽게 배우고 활용할 수 있어요. 싱가포르의 첨단 기업들은 이런 방법으로 다른 나라의 기업보다 앞선 기술로 물건을 만든답니다.

　싱가포르에서는 온라인으로 투표하는 전자 투표도 시작할 예정이에요. 번거롭게 투표장에 가지 않아도 되고, 여러 사람이 매달려 관리하고 감독할 필요도 없겠지요?

우리나라는 스마트 시티 기술을 이용해 사람들의 안전을 지키는 데 집중하고 있어요. 카메라를 이용해 도시 곳곳을 지켜보면 화재나 사고가 일어났을 때 재빨리 알아채고 신속히 소방차나 구급차를 출동시켜 대처할 수 있어요. 범죄자를 찾아 체포하는 데에도 도움이 될 수 있고요. 사람들이 안심하고 살 수 있는 도시를 만드는 것이 우리나라 스마트 시티의 목표랍니다.

사실 우리나라는 스마트 시티 기술 자체보다 스마트 시티를 보조하는 기술을 많이 가지고 있어요. 필요한 지점에 카메라를 설치하고 인터넷으로 연결하는 기술, 도로와 대중교통을 실시간으로 연결해 알기 쉽게 정리하는 기술 등은 우리나라가 세계에서 가장 앞서 있답니다.

다른 나라의 유명한 스마트 시티 중에도 우리나라의 기술을 배워 간 곳이 많아요. 그렇게 배워 간 기술을 자기 나라의 사정에 맞게 활용하면서 스마트 시티를 만들어 나가고 있지요.

진짜 스마트 시티를 찾아라!

나 이제 스마트 시티에 대해 잘 알겠다뀨!

여기 상상 속의 스마트 시티 몇 개를 준비했습니닷! 진짜 스마트 시티와 가짜 스마트 시티를 구분해 보시지요!

아주 오래된 도시, 공하크부르크
오래전에 생긴 작은 도시라 도로가 비좁고 울퉁불퉁하다. 낡은 건물을 허물고 도로를 까는 대신 스마트 대중교통과 드론 택배를 늘려 문제점을 해결하려 한다.

새로 지어진 공업 지대, 환경스탄
최근에 만들어진 공업 지대로 공장이 빼곡하게 몰려 있지만, 여러 기술로 매연과 폐수를 정화하고 있다. AI 드론이 순찰하며 오염 물질이 나오는지 감시한다.

첨단 도시, 내일그라드

첨단 기술 연구 시설과 기업들이 빼곡하게 들어서
있다. 매일 수많은 첨단 전자 제품과 반도체가
만들어지고 세계 곳곳에 팔려 나간다. 수입이
늘어난 내일그라드는 점점 발전하고 있다.

대도시, 미래사키

사람이 많이 살지만 오래된 도시라 낡은 건물이
많다. 그래서 건물에 문제가 생기진 않았는지,
수리가 필요한 부분은 없는지 관리하기 위해
도시 곳곳에 부족한 인터넷 케이블을 새로
설치하고 있다.

찾았다꾸! 내일그라드는 기술이 발전한 도시지만
사람들의 삶을 위해 사용하진 않는다꾸! 그러니 스마트
시티라고 볼 수 없다꾸.

미래사키에는 아직 인터넷도 다 깔려 있지 않습니닷!

그래도 사람들을 위해 스마트 기술을 사용하려 한다는
점에서 스마트 시티로 볼 수 있다꾸!

환경을 지키는
도시

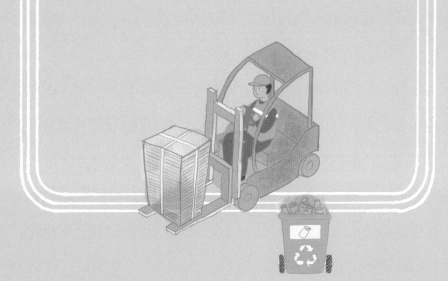

스마트 시티에 흐르는 강

세계의 큰 도시들은 강을 끼고 있거나 강 근처에 있는 경우가 많아요. 오랜 옛날부터 강 주변의 도시가 큰 도시로 발전하기 쉬웠거든요. 물을 구하기 쉽고, 배를 타고 다른 곳으로 이동할 수 있기 때문이지요. 또 강물을 이용해 농사를 지을 수 있으니 식량을 구하기도 좋았고요. 하지만 때때로 홍수가 나 집과 농지가 물에 잠기는 문제도 있었답니다.

문제를 해결하기 위해 사람들은 강바닥을 콘크리트로 덮고, 보를 세웠어요. 보는 물의 흐름을 막아 물이 빠르게 흐르지 못하도록 하는 시설로, 비가 많이 와도 물이 쉽게 넘치지 않아요. 이렇게 보를 설치해서 홍수 걱정을 덜 수 있었지요.

하지만 결국 단단한 콘크리트 때문에 강바닥에 수초가 살지 못하고 물고기가 알을 낳지 못하면서 강의 생태계는 점점 나빠졌어요. 또 물이 일정한 속도로 흐르지 않자 바닥에 끈적끈적한 진흙과 더러운 쓰레기가 쌓여 물이 오염되기도 했지요. 강물이 썩는 일을 막기 위해 기계로 강바닥을 청소했지만 잠깐 나아질 뿐 강이 완전히 깨끗해지지는 않았답니다.

그래서 요즘은 강을 뒤덮은 콘크리트를 다시 뜯어내고 있어요. 그리고 바닥에 자갈과 나뭇가지를 깔아 자연 그대로의 강과 비슷한 상태로 만들지요. 그러면 강바닥에 동식물이 자라 자연스러운 생태계를 이룰 수 있어요. 이렇게 강을 다시 자연 상태로 돌리는 것을 '재자연화'라고 해요.

그러면 홍수는 어떻게 막을까요? 여기에 스마트 시티 기술이 숨어 있답니다. 강물을 막고 있는 보 중간중간에 열고 닫을 수 있는 수문을 연결해요. 비가 와서 갑자기 물이 차면 이 수문을 좁혀 물이 흐르는 양을 조절하는 것이지요. 그러면 물이 갑자기 많이 흘러드는 것을 막아, 홍수를 예방할 수 있어요.

사실 이 방법은 옛날부터 쓰였지만, 사람이 손으로 수문을 여닫는 도중에 실수가 생기곤 했어요. 수문을 닫는 시간이나, 흘려보내는 물의 양을 잘못 조절하면 홍수가 났지요. 하지만 스마트 시티 기술을 활용해 센서로 물의 높이를 측정하고, 컴퓨터가 수문을 조절하도록 연결하면 이런 실수를 줄일 수 있어요.

이처럼 스마트 시티 기술을 이용해서 강을 재자연화하고, 강의 생태계를 살리면서 홍수도 막아 낼 수 있답니다.

스마트 시티 기술을 이용해 강물을 깨끗하게 유지할 수도 있어요. 강 이곳저곳에 다양한 센서를 설치하고, 강물이 오염되는지 계속해서 감시하는 것이지요. 그러면 물이 오염된 원인을 찾고 무엇이 문제인지 곧바로 알아내고 대처할 수 있어요.

도시의 강을 재자연화한 사례로 가장 유명한 곳은 의외로 우리나라에 있어요. 바로 서울의 청계천이에요. 청계천은 원래 도로로 뒤덮여 있었어요. 강의 흔적만 남은 마른 땅이었지요. 하지만 도로를 뜯어내고 강을 되살렸어요. 덕분에 사람들은 청계천에서 쉬거나 다양한 문화 행사를 즐길 수 있게 되었어요. 도시 한가운데로 흐르는 강물은 더운 여름, 도시의 열기를 식혀 주기도 하지요.

바닥을 자연석으로 복구한 청계천

사실 처음에 청계천을 되살릴 때는 콘크리트 물길에 수돗물을 흘려보내는 정도였어요. 사람들이 쉴 수 있는 공원으로는 좋았지만, 스마트 그린 시티의 사례라고 말할 수는 없었지요.

하지만 이후 콘크리트 바닥을 자연의 돌로 바꾸고, 물도 수돗물 대신 자연에서 흐르는 강물을 연결했어요. 덕분에 지금은 여러 종의 물고기가 살고 새들도 찾아오는 곳이 되었어요.

어디에나 초록이 있어

◇◇◇◇◇◇◇◇◇◇◇◇◇◇◇◇◇◇◇◇◇◇◇◇◇◇◇◇

도시의 가로수는 아주 중요한 역할을 해요. 도시 곳곳에서 발생하는 미세 먼지를 빨아들이고, 자동차나 사람들이 내뿜는 이산화 탄소를 흡수해 도시의 공기를 맑게 해 주지요. 또 더운 여름에는 따가운 햇빛을 가리는 그늘이 되어 주기도 하고요. 푸른 가로수를 보고 있으면 스트레스가 줄어든다는 연구도 있어요.

가로수는 도시에 사는 여러 동물의 쉼터가 되기도 해요. 특히 나뭇가지로 둥지를 틀고, 나무에 앉아 쉬는 새들은 가로수가 없다면 모두 도시에서 떠날지도 몰라요.

우리나라는 아주 오래전부터 길가에 가로수를 심었어요. 그래서 세계 어느 나라보다 가로수가 많아요. 가로수가 너무 무성하게 자라면 창문과 가로등을 가리기 때문에 정기적으로 가지를 잘라 정리하곤 해요. 그런데 이때 한 번에 너무 많은 가지를 자르는 경우가 있어요. 가로수가 너무 많다 보니 일일이 관리하고 적당히 다듬기에는 시간과 일손이 부족하거든요. 그런 나무는 뼈만 남은 듯 보기 흉할 뿐 아니라 운이 없으면 죽기도 해요.

스마트 시티 기술을 이용하면 가로수를 더 손쉽게 돌볼 수 있답니다. 어느 곳에 어떤 가로수를 심었는지, 언제 심어 얼마나 자랐는지, 또 언제 가지를 다듬었는지 등을 컴퓨터에 입력해 관리하는 거예요. 그러면 관리가 필요한 가로수만 쏙쏙 골라 다듬고, 건강한 모습도 유지할 수 있게 되지요.

예전에는 가로수로 은행나무나 플라타너스를 주로 심었어요. 하지만 요즘은 점점 다양한 가로수를 심고 있어요. 서울은 하얀 꽃이 예쁘게 피는 이팝나무를 많이 심고 있어요. '이팝'은 쌀밥이라는 뜻인데, 나무의 하얗고 작은 꽃이 꼭 쌀밥처럼 보여 이팝나무라는 이름이 붙었어요. 또 사과로 유명한 예산이나 충주는 사과나무를 가로수로 심고, 곶감으로 유명한 영동은 감나무를 가로수로 심어요.

다양한 나무를 가로수로 심으면 관리하기가 더 어려워요. 가지가 얼마나 무성하게 자랄지, 어떤 비료를 줘야 할지, 꽃은 언제 피고 열매는 언제 맺히는지 나무마다 다르니까요. 각기 다른 방법으로 관리해야 하는 다양한 종류의 가로수를 하나하나 잘 돌보려면 컴퓨터의 도움이 꼭 필요하겠지요?

이팝나무 가로수

　나무가 아닌 이끼로 가로수를 대체하는 방법도 있어요. 이끼는 나무보다 더 많은 양의 이산화 탄소를 흡수하고, 미세 먼지나 공기 중의 유해 물질도 더 빨리 정화해요. 이끼를 많이 심는다면 가로수만 심는 것보다 도시의 공기를 깨끗하게 만드는 데 더 큰 도움이 될 거예요.

　하지만 이끼를 많이 심으려면 넓은 공간이 필요해요. 이끼는 바닥에 납작하게 붙어 자라기 때문이에요. 이 약점을 해결하기 위해 만든 것이 바로 스마트 이끼 타워예요.

이끼를 활용한 벽면

이끼로 만든 필터

　스마트 이끼 타워는 원통형 탑을 세우고, 그 탑에 이끼를 잔뜩 붙여 놓은 모습이에요. 이끼는 원통의 벽에 붙어 자라면서 도시의 공기를 정화하지요.

　스마트 이끼 타워는 단순한 탑이 아니에요. 여러 가지 센서가 붙어 있어 이끼의 상태를 계속 살피다가 필요할 때 물을 주거나 온도를 조절해 이끼가 건강하게 자랄 수 있게 하지요.

탑 모양의 이끼 타워뿐만 아니라 납작한 모양의 이끼 벽도 있어요. '스마트 모스월'은 사물인터넷 기술이 적용된 이끼 벽으로, 태양광 에너지를 활용해 자동으로 물까지 주지요. 해외에서도 건물의 벽에 이끼를 붙이거나 버스 정류장의 칸막이 대신 이끼 벽을 세워 도시의 좁은 공간을 최대한 활용하려는 연구가 이루어지고 있답니다.

이끼를 이용한 스마트 시티 기술이 상용화되면 도시에서 발생하는 미세 먼지와 이산화 탄소가 줄어들 거예요. 사람들의 건강에도 이롭고, 기후 변화를 막는 데에도 도움이 되겠지요. 사람에게도, 지구에도 이로운 스마트 그린 시티랍니다.

스마트 그린 시티는 사람과 지구 모두에게 이로워요.

똑똑하게 쓰레기 치우기

도시에는 수많은 사람이 살고 있어요. 그 사람들이 만들어 내는 쓰레기의 양은 정말 엄청나게 많답니다. 생선구이를 먹고 남은 가시, 오래 써서 낡은 걸레, 실수로 부러트린 연필 등 정말 다양한 쓰레기가 무수히 생겨나지요. 환경을 생각해 쓰레기를 줄이려 노력해도 쓰레기를 아예 만들지 않을 수는 없어요.

도시가 클수록 쓰레기는 많이 나와요. 게다가 비닐봉지나 포장 상자, 플라스틱같이 재활용할 수 있는 쓰레기와 재활용할 수 없는 쓰레기가 뒤죽박죽으로 뒤섞여 나오면 쓰레기의 양은 더 많아지지요. 이런 쓰레기 중 일부는 불에 태워 버리고, 잘 타지 않거나 태우면 유독한 성분이 나오는 쓰레기는 따로 모아 땅에 묻어요. 이렇게 쓰레기를 묻는 장소를 '쓰레기 매립장'이라고 해요.

쓰레기 매립장은 도시 근처의 빈 땅에 만들어요. 먼저 땅을 파서 커다란 구덩이를 만들고, 구덩이 안에 쓰레기를 차곡차곡 채워 넣어요. 그리고 그 위를 흙으로 덮어요.

쓰레기로 가득 채운 자리는 바닥이 튼튼하지 못해요. 그래서 흙을 덮은 구덩이 위에는 공원을 만들어요. 옛날에 쓰레기 매립장으로 쓰였던 난지도가 현재 월드컵 공원이 되어 사람들의 쉼터가 된 것처럼요. 쓰레기 매립장을 공원으로 만들 수 있다고 해서 쓰레기 매립장을 자꾸 늘리면 안 돼요. 쓰레기에서 유해한 가스가 나와 폭발할 위험이 있고, 지하수를 오염시키기도 하거든요.

스마트 시티에서라면, 좀 더 효율적으로 쓰레기를 줄이거나 치울 수 있을 거예요. 쓰레기를 묻는 매립장도 효과적으로 오래 사용할 수 있고요.

스마트 시티에서는 쓰레기통에도 센서를 붙여, 쓰레기통이 가득 차면 바로 쓰레기를 수거할 수 있게 만들어요. 그리고 로봇이나 수거 차량으로 쓰레기를 모아 오지요. 수거한 쓰레기는 종류별로 빠르게 나누고 그 양을 계산해요. 쓰레기의 양을 정확히 계산해 쓰레기 매립장에 보내면 매립장의 공간을 낭비 없이 알뜰하게 사용할 수 있거든요. 같은 크기의 매립장이라도 더 많은 양의 쓰레기를 처리할 수 있게 되는 거예요. 게다가 쓰레기를 바로바로 모아 오니 도시와 길거리가 깨끗해지는 효과도 있고요.

스마트 시티에서는 재활용 쓰레기도 더 손쉽게 나누어 처리할 수 있어요. 지금은 재활용 쓰레기를 따로 모아 내놓거나 재활용 쓰레기통에 버리면 정해진 날짜에 차량으로 재활용 쓰레기를 수거해 수집소로 보내요. 그러면 수집소에서 사람들이 재활용 쓰레기를 다시 분류해요.

수집소에서는 여러 종류의 플라스틱을 같은 종류의 플라스틱끼리 모아요. 깡통도 알루미늄 깡통과 철 깡통으로 따로 구분하지요. 섞이면 재활용을 해도 별로 효과가 없기 때문이에요. 서로 다른 플라스틱이나 금속을 마구잡이로 섞어서 만든 재활용품은 모양도 안 예쁘고 쉽게 부서지거든요.

스마트 시티의 재활용 수거 장치는 재활용 쓰레기를 처음부터 분류해서 가져오거나, 로봇을 이용해 쉽고 빠르게 구분해 재활용 쓰레기를 낭비 없이 사용해요.

도시에서 살아가는 사람들이 만들어 내는 각종 생활 쓰레기와 여러 공장에서 쏟아지는 폐기물, 물건을 사고팔 때 버려지는 포장지와 사무실에서 나오는 서류 종이와 볼펜까지……. 쓰레기를 완전히 없앨 수는 없어요. 하지만 그 양을 최대한 줄이고, 빠르게 수거해서 환경에 나쁜 영향을 끼치지 않게 처리한다면 지구를 보호하는 데 큰 도움이 될 거예요.

도시의 불청객, 해충을 해치워라!

도시에 이끼와 새로운 가로수가 많아지면 벌레도 늘어나는 것이 아니냐는 걱정이 커지고 있습니닷!

다 방법이 있다뀨! 모기는 고인 물에서 생기니까 물이 고이지 않도록 하수도를 정비하고, 움푹 파인 웅덩이를 찾아내 평평하게 땅을 다지면 된다뀨!

오호, 그럼 파리나 바퀴벌레는요?

집 곳곳에 숨은 바퀴벌레는 멀리 날지 못하니, 벌레가 나온 위치를 AI로 분석하면 바퀴벌레가 어디 숨었는지 알아낼 수 있다뀨! 파리는 스마트 시티의 쓰레기 처리 기능을 이용해 음식물 쓰레기를 얼른 치워 버리면 금세 줄어들 거라뀨!

그런 방법이라면 해충을 쉽게 처리할 수 있겠습니닷!

 사실, 더 좋은 방법이 있다뀨.

 혼자만 알지 말고 말해 주십시옷!

 무엇보다 벌레를 잡아먹는 잠자리, 사마귀, 새 같은 고마운 동물 친구들이 잘 살 수 있도록 도시의 생태계를 건강하게 유지하는 게 중요하다뀨!

모기 유충을 구제해 방역하는 모습

아껴 쓰는
도시

무얼 타고 갈까?

도시에서 나오는 쓰레기와 이산화 탄소를 줄이는 데 성공했어요! 그럼 이제 스마트 그린 시티가 완성된 걸까요? 아쉽게도 그렇지 않아요.

사람들이 도시에서 편리하게 살아가기 위해서는 필요한 것이 정말 많아요. 물, 식량, 건물 등 필수적으로 필요한 것들이 많지만, 전기나 석유 같은 에너지도 도시를 유지하기 위해 꼭 필요해요. 그런 에너지를 아끼는 것도 스마트 그린 시티를 만들기 위해 꼭 필요한 일이겠지요?

도시에서 가장 많은 에너지를 소모하는 것은 바로 교통수단이에요. 사람들이 이동하거나 물건을 운반하는 데 많은 에너지가 쓰이지요. 자동차는 사람과 짐을 이곳저곳으로 옮기는 도구예요. 아주 편리하지만, 대신 많은 양의 에너지를 소모해요. 지금까지 자동차는 주로 석유를 에너지원으로 썼어요. 석유를 태워 나오는 열과 압력으로 엔진을 움직였지요. 이때 공기를 오염시키는 물질과 많은 양의 이산화 탄소가 나와요. 이산화 탄소는 기후 변화를 일으켜 지구를 점점 덥게 만들어요.

이 문제를 해결하기 위해 사람들은 석유 대신 다른 에너지로 달리는 자동차를 만들고, 발전시키고 있어요. 배터리에 전기를 충전해 놓고 그 힘으로 모터를 돌려 움직이는 자동차나, 수소 같은 화학 물질로 화학 반응을 일으켜 전기를 만드는 연료 전지가 내장된 자동차 등이지요. 하지만 배터리에 충전할 전기나 연료 전지에 쓸 화학 물질을 만들기 위해서는 결국 석유를 태우거나 원자력 발전소를 돌려야 해요. 그래서 전기 자동차나 연료 전지 자동차만으로 에너지를 아끼는 데는 한계가 있어요.

스마트 시티에서는 다른 방법으로 에너지를 아낄 수 있어요. 자동차를 빠르게 목적지에 도착하게 함으로써 이동하는 도중에 낭비되는 에너지를 줄이는 것처럼요. 이렇게 하면 똑같은 거리를 이동해도 더 적은 에너지를 쓰게 된답니다.

스마트 시티는 에너지를 아낄 뿐 아니라 더 빠르기까지 해요.

자동차는 신호등에 빨간불이 들어오면 꼭 멈춰야 해요. 횡단보도를 지나가는 사람이 없더라도, 자동차끼리 부딪치지 않으려면 신호등이 주는 신호에 따라 멈췄다가 차례차례 지나가야 하지요. 하지만 신호에 맞춰 정지를 반복하면 목적지에 도착하는 시간이 늦어져요.

또 빨간불에 멈춰 서 있는 동안 자동차는 엔진을 켜 둔 채 움직이지 않는 상태로 있어야 해요. 이걸 '공회전'이라고 하는데, 에너지를 낭비하는 원인 중 하나지요.

스마트 시티의 신호등은 이렇게 에너지가 낭비되는 것을 막을 수 있어요. 바로 지능형 교차로 덕분이에요. 지능형 교차로에는 사람과 자동차의 위치를 파악하는 카메라가 곳곳에 달려 있어요. 카메라로 찍은 자료는 그대로 컴퓨터로 전송되고, 컴퓨터는 어떻게 신호를 보내야 자동차와 사람 모두가 빨리 사거리를 건널 수 있을지 계산해 내지요.

지능형 교차로는 차가 많은 쪽의 초록색 신호를 길게 하거나 차가 적은 쪽에 적당한 시간만 초록색 신호를 보내 사람들이 더 빨리 지나갈 수 있도록 신호를 조절해요.

그러면 자동차는 교차로에서 오랫동안 신호를 기다리며 에너지를 낭비할 필요 없이 목적지에 빨리 도착할 수 있어요. 정해진 시간대로 신호를 내보내는 교차로에 비해 훨씬 효율적이지요?

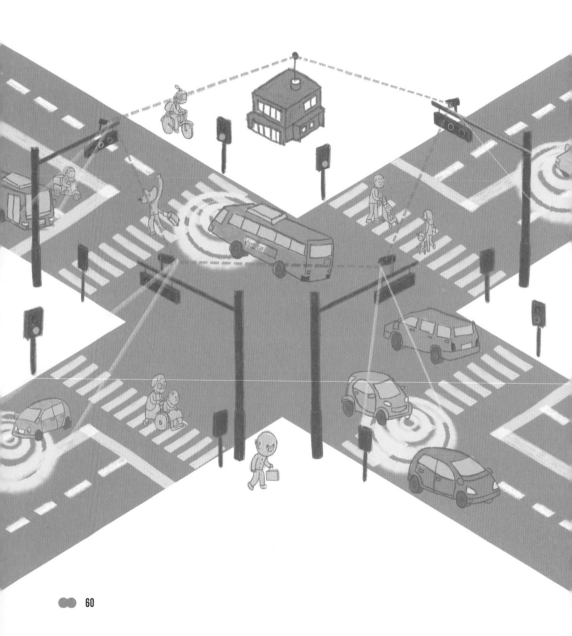

앞서 코펜하겐의 사례에서 소개했던 주차 공간을 찾아 주는 앱도 에너지를 절약하는 데 큰 도움이 돼요. 자동차가 주차 공간을 찾아다니며 이곳저곳을 오갈 필요가 없어져, 낭비되는 에너지를 줄일 수 있기 때문이지요.

스마트 시티 기술이 적용되면 대중교통도 더 편해지고 빨라질 거예요. 사실 우리나라는 이미 스마트 시티 대중교통 시스템을 갖추고 있어요. 교통 카드와 공유 자전거가 바로 그것이지요.

교통 카드는 쉽게 충전할 수 있고, 버스와 지하철, 택시 등을 타는 데 모두 쓸 수 있어요. 다른 교통수단으로 옮겨 탈 때 환승 할인을 받을 수도 있지요. 편리할 뿐 아니라 돈도 아낄 수 있어 우리나라에 놀러 온 외국인들이 깜짝 놀라곤 하지요. 교통 카드는 도시의 여러 대중교통을 연결한 스마트 시티 기술이랍니다.

도시 곳곳에 놓여 있는 자전거를 빌려 타는 공유 자전거 시스템에도 중요한 스마트 시티 기술이 적용되어 있어요. 스마트폰 앱 등으로 결제하면 인터넷을 통해 정보가 전달되어 누구든 쉽게 길에 놓인 자전거를 타고 이동할 수 있지요. 자전거를 타면 석유나 전기를 아낄 수 있고, 운동도 되니 일석이조예요!

여기서 한발 더 나아가 자동차를 공유 자전거처럼 빌려 쓰는 방법도 점점 발전하고 있어요. 공유 자동차를 이용하면 큰돈을 들여 자동차를 살 필요가 없고, 주차 공간 때문에 걱정할 필요도 없어요. 또 AI가 대신 운전하는 자율 주행차가 상용화된다면 운전을 잘하지 못하는 사람도 공유 자율 주행차를 빌려 어디든 쉽게 갈 수 있을 거예요. 목적지까지 가장 빠른 길로 이동할 테니 에너지도 당연히 아낄 수 있겠지요?

스마트 시티의 교통 시스템은 이처럼 편리하고 빠른 데다가 에너지까지 절약할 수 있어요.

스마트 시티의 교통은
편리하고 빠르고
에너지를 절약해요.

도시에서 전기 만들기

 도시는 에너지를 사용하기만 할까요? 옛날에는 그랬지만, 스마트 시티에서는 그렇지 않답니다. 스마트 시티는 멀리 있는 발전소에서 에너지를 가져오기만 하는 게 아니라 도시 안에서 에너지를 만들기도 하거든요.

 도시에서 에너지를 만드는 방법 중 가장 대표적인 것은 태양광 발전이에요. 태양이 가진 빛의 에너지를 전기로 바꾸는 기술이지요. 식물이 광합성을 해 에너지를 얻는 것과 마찬가지예요.

 태양광 발전을 하려면 태양광 패널이 필요해요. 태양광 패널은 빛을 전기로 바꾸는 특수한 반도체를 납작하게 만들어 빼곡하게 붙인 장치예요. 이 태양광 패널을 건물 옥상이나 벽에 다닥다닥 설치하면 낮 동안 쨍쨍한 햇빛을 흡수해 전기를 만들어요. 이렇게 만들어 낸 전기는 에어컨이나 컴퓨터, 냉장고 등을 가동하는 데 쓸 수 있어요. 그러고도 전기가 남는다면 배터리에 저장해 두었다가 밤에 조명을 밝힐 때 쓸 수 있지요.

요즘은 건물의 창문을 태양광 패널로 만드는 기술이 연구되고 있어요. 평범한 태양광 패널은 빛을 흡수해야 하기 때문에 새까만 색이에요. 그래서 창문으로는 쓸 수 없지요. 하지만 빛의 일부는 흡수해서 전기로 만들고, 나머지는 평범한 유리처럼 빛을 통과시키는 태양광 패널을 설치하면 빛을 적당히 통과시키면서 전기도 만들어 낼 수 있어요. 특히 벽이 유리로 된 고층 빌딩의 경우, 유리를 통과해 들어온 태양광 때문에 너무 덥다는 문제점이 있었는데 태양광 패널 창문을 이용하면 빛도 적당히 막고 전기도 만들 수 있어 일거양득이지요.

　바람을 이용한 풍력 발전으로도 전기를 만들 수 있어요. 높은 빌딩의 위쪽은 강한 바람이 불기 때문에 바람개비처럼 생긴 풍력 발전기를 설치하면 많은 양의 전기를 만들어 낼 수 있답니다.

　바레인의 세계무역센터 건물은 두 개의 높은 빌딩 사이에 풍력 발전기를 설치하고 건물을 마치 배의 돛처럼 만들어 건물 사이로 바람이 모이도록 했어요. 바람에 발전기가 빠르게 돌아가며 전기를 만들어 내지요. 아라비아 사막과 가까워 기후가 더운 바레인은 에어컨을 항상 켜야 해서 전기가 많이 필요해요. 그래서 풍력 발전기로 전기의 일부를 공급하고 있지요.

바레인 세계무역센터

　스마트 시티라고 해서 꼭 친환경 재생 에너지만 만들어 사용하는 것은 아니에요. 화력 발전이나 원자력 발전도 스마트 시티의 에너지원이 될 수 있지요.

　화력 발전소나 원자력 발전소는 한 번에 많은 양의 전기를 만들어 낼 수 있어요. 하지만 그만큼 큰 시설이 필요하고, 전기를 먼 곳까지 보내야 해서 대규모의 송전탑과 전깃줄을 설치해야 해요. 전깃줄로 전기를 흘려보내는 도중에 낭비되는 전기도 많고요.

도시 근처에 작은 발전소를 지으면 어떨까요? 도시에서 쓸 전기를 직접 그 도시에서 만드는 거예요. 그럼 전기를 낭비하지 않고 쓸 수 있을 거예요. 친환경 발전만큼 환경에 이롭지는 않지만, 설치 비용을 줄일 수 있고, 에너지를 아낄 수 있다는 점에서 도시와 멀리 떨어진 큰 발전소보다 좋은 점이 많답니다.

이런 이유로 세계 여러 나라에서 소규모 원자력 발전소를 연구하고 있어요. 거대한 원자력 발전소 대신, 크기가 100분의 1밖에 되지 않는 작은 원자력 발전소를 만드는 것이지요.

도시 근처에 발전소가 있으면
에너지를 효율적으로
사용할 수 있어요!

기존의 원자력 발전소는 원자로가 너무 뜨거워지지 않게 식힐 냉각수가 필요해요. 그래서 바닷가에 지었지요. 하지만 소규모 원자력 발전소는 크기가 작아 강물이나 공기로도 식힐 수 있어요. 그런 이유로 도시 근처에 지을 수 있는 것이지요.

도시 근처에 원자력 발전소가 있으면 위험하지 않냐고요? 물론 대비가 되어 있지요. 소규모 원자력 발전소는 모든 장치가 단단한 용기 안에 들어가 있어 충격에 강해요. 혹시 문제가 생겨도 용기를 닫으면 위험한 방사능이 밖으로 새어 나오지 않아요. 게다가 방사능의 양이 적어, 문제가 생겨도 커다란 폭발이 일어나거나 많은 양의 방사능이 쏟아져 나올 걱정이 없어요. 물론 그래도 조심, 또 조심해야 하지만요.

> ❝
> 소규모 원자력 발전소(SMR)
> SMR은 'Small Modular Reactor'의 첫 글자를 딴 것으로, 우리말로 '소형 모듈 원자로'라고 해요. 출력이 300메가와트보다 작은 원자로예요. 기존 원자력 발전에 비해 장점이 많아 전 세계가 주목하는 발전 방식이에요.
> ❞

똑똑한 에너지

스마트 시티는 여러 가지 방법으로 에너지를 아끼는 한편, 스스로 에너지를 만들기도 해요. 그러면 이제 에너지를 펑펑 써도 되는 걸까요?

물론 그렇지 않아요. 아무리 에너지를 넉넉하게 만들어 내는 스마트 시티라도 에너지를 마구 쓰면 감당할 수 없기 때문이에요. 왜 그럴까요?

도시에서 쓰는 에너지의 양은 계속 변해요. 사람들이 잠든 밤에는 에너지를 조금 쓰고, 일어나서 공부하고 일하는 낮에는 많이 쓰는 것처럼요. 또 무더운 여름에는 에어컨을 켜게 되니까 더 많은 에너지가 필요하고요.

필요한 에너지가 이렇게 들쑥날쑥하다 보니, 대부분의 도시에서는 필요한 양보다 더 많은 에너지를 만들어 내요. 사람들이 평소보다 전기를 조금 더 썼다고 해서 정전이 일어나면 안 되잖아요? 그래서 발전소에서는 필요한 양보다 조금 더 넉넉하게 전기를 만든답니다.

그럼 남은 전기는 어떻게 될까요? 대부분 그대로 낭비되고 말아요. 남은 전기를 배터리 같은 곳에 저장하면 좋겠지만 큰 배터리를 만들고 관리하는 일이 더 힘들고 돈도 많이 들거든요.

스마트 시티에서는 이런 에너지 낭비를 막기 위해 전기를 공유해요. 커다란 발전기에서 전기를 일방적으로 나눠 주는 보통의 도시와 달리 집, 큰 빌딩, 여러 시설 등이 서로 전기를 주고받을 수 있지요.

발전소에서 받은 전기나 태양광 발전으로 만들어 낸 전기는 에어컨, 전등, 컴퓨터 등을 사용하는 데 쓰여요. 그리고 전기가 남으면 전기가 부족한 다른 건물에 나누어 주지요. 전기를 준 쪽은 보낸 만큼 전기 요금을 아낄 수 있고, 받은 쪽은 간편하게 전기를 받으니 양쪽 다 이득이에요. 게다가 발전소는 전기를 덜 만들어도 되니 연료도 아끼고, 환경에도 이롭지요.

어떻게 그게 가능하냐고요? 비결은 바로 스마트 전기 계량기에 있답니다. 일반적인 전기 계량기는 단순히 발전소에서 받아 쓴 전기의 양을 기록해요. 내가 얼마나 전기를 썼는지 알아보고 요금이 얼마나 나올지 계산하는 용도로만 쓰이지요.

스마트 전기 계량기

하지만 스마트 전기 계량기는 달라요. 전기를 얼마나 썼는지는 물론, 다른 곳으로 전기를 얼마나 보냈는지도 계산하고 기록할 수 있지요. 필요할 때는 전기를 빌려 달라고 다른 곳에 요청할 수도 있어요. AI가 필요한 전기의 양을 계산해 미리 전기를 구해 놓을 수도 있고요.

스마트 전기 계량기는
전기의 양을 계산해 에너지를 아껴요!

이번 주말에
날씨가 덥다고 주인이
바다로 놀러 간대.
전기가 남겠어.

우리 집 주인은
또 종일 냉방을 하겠군.
남는 전기 좀 빌려줘.

스마트 전기 계량기는 사용된 전기의 양을 계산하고, 그 정보를 스마트 시티의 AI에게 보낼 수도 있어요. 그러면 AI가 어느 구역에 어느 정도의 전기를 보내야 할지 계산해 그에 맞게 전기를 보내 주지요.

전기가 부족하면 소형 발전소에서 전기를 더 만들 수도 있어요. 필요하다면 대형 발전소에서 받는 전기의 양을 늘리거나, 다른 도시의 전기까지 빌려 올 수 있고요. 전기가 필요한 곳에 제때 보내는 것만으로도 전기를 아끼는 효과를 낼 수 있지요.

그래도 전기가 남으면 어떻게 해야 할까요? 그때는 배터리나 축전기에 저장해 둘 수 있어요. 도시 곳곳에, 혹은 집집마다 전기를 저장하는 장치를 설치해 두고 남은 전기를 저장해 두는 거예요. 그리고 필요할 때마다 저장된 전기를 꺼내 쓰면 자투리 전기도 낭비 없이 전부 활용할 수 있게 되겠지요?

우리나라는 이 기술을 정부의 정책 사업으로 추진하며 주목하고 있어요. 다른 나라에서도 연구를 계속하고 있고요. 이 기술이 널리 퍼지면 에너지를 더 편리하게 쓸 수 있을 뿐만 아니라 에너지를 아껴 환경에도 도움이 될 거예요.

에너지 도둑을 잡아라!

도시 어디에선가 에너지가 낭비되고 있다는 정보가
입수됐다뀨. 지금 바로 조사해 보자뀨!

알겠습니닷! 저기, 두 횡단보도가 너무 가까이 설치돼
있습니닷! 자동차가 정지 신호에 연속으로 걸리면 엔진을
켜 두고 오랫동안 멈춘 상태로 있게 되는데욧. 바로 이
공회전 때문에 에너지가 낭비됩니닷!

저쪽 태양광 패널은 전기를 만들지 못하고 있습니닷! 옆 건물에 원인이 있는 걸로 보입니닷!

옆 건물의 옥상 천막이 태양광을 가린다뀨! 천막을 내리게 하거나 따로 전기 요금을 내게 해야 한다뀨!

여기, 주변 밝기를 감지하고 어두우면 저절로 불이 켜지고, 밝으면 꺼지는 가로등이 낮에도 켜져 있습니닷!

밝기를 감지하는 센서를 잘 점검해야 한다뀨! 고장이 났거나 센서에 먼지가 쌓여서 인식이 잘 안 될 수도 있다뀨.

스마트 시티를 만들었다고 끝이 아닌가 봅니닷! 스마트 시티가 제 역할을 하도록 계속 관리해야겠습니닷!

편리하고
안전한
도시

즐거운 스마트 시티

스마트 시티는 편리하고, 환경에 도움이 되는 도시예요. 이것 말고도 또 다른 장점이 있을까요? 물론이에요. 스마트 시티에서는 재미있게 놀 수도 있답니다!

'포켓몬 고' 같은 AR 게임은 이미 널리 알려져 많은 사람이 즐기고 있어요. AR 게임은 주로 지도에 나와 있는 정보를 바탕으로 만들어져요. 지도에 물이 있으면 게임 속에서도 강이나 바다가 나오는 것처럼요. 또 고층 건물이나 탑이 있으면 중요한 시설로 인식되지요. 사람들은 이렇게 실제 지리 정보를 이용해 만든 AR 게임 속을 걸어 다니며 탐험해요.

AR 게임은 단순히 지도를 이용해 게임을 만들었을 뿐이지만 무척 생생하고 재미나요. 그럼 스마트 시티 기술과 AR 게임이 연결된다면 어떨까요? 훨씬 실감 나고 재미있어질 거예요. 도시가 직접 보내 주는 정보를 바탕으로 AR 게임을 즐길 수 있으니까요.

새로운 가게가 생기거나, 행사가 있을 때는 게임 속 정보가 업데이트되고 관련 이벤트도 열릴 거예요. 그리고 근처에 사람이 많고 적음에 따라서 등장하는 적과 잡을 대상이 바뀔 수도 있지요. 게임 속에서 목표를 달성하면 화면 속 화단의 꽃이 바뀌는 식으로 변화가 생길 수도 있고요. 이렇게 실제 도시와 AR 게임이 계속 서로 소통하며 여러 상황이 펼쳐지는 거예요.

지금도 여러 도시에서 AR 게임을 만들고 있어요. 아직은 개발 중이지만 스마트 시티가 널리 퍼지고 많은 자료가 공개되면, 그걸 바탕으로 더 재미있고 다양한 AR 게임이 만들어질 거예요.

스마트 시티에서는 도시에서 열리는 여러 행사나 축제, 공연도 좀 더 쉽게 찾아볼 수 있어요. 각자가 흥미를 느끼는 것만 모아서 볼 수도 있고요. AI가 도시에서 열리는 여러 행사를 분류하고, 관심을 가질 만한 사람에게 안내하는 덕분이지요. 고생물을 좋아하는 사람에게는 화석 전시회를 안내하고, 식물에 관심 있는 사람에게는 꽃 박람회를 안내하고, 또 자전거 타는 걸 즐기는 사람에게는 자전거 마라톤이 열리는 날을 알려 주는 거예요. 그러면 각자 원하는 행사에 쉽게 참여할 수 있겠지요. 게다가 버튼을 한 번만 누르면 참가 신청까지 가능해요!

스마트 시티에는 도시에 사는 사람뿐 아니라 도시를 방문하는 사람들을 위한 놀거리도 준비되어 있어요. 관광객을 대상으로 도시 안의 재미있는 곳, 맛있는 음식점 등을 안내해 주는 것이지요.

물론 지금도 스마트폰 앱이나 리뷰를 이용하면 많은 정보를 쉽게 얻을 수 있어요. 하지만 스마트 시티에서는 정보를 더 빠르고 정확하게 주고받을 수 있어요. 예를 들어, 행사 일정이 바뀌거나 입장이 지연되는 상황처럼 예상하지 못한 문제도 곧바로 전달할 수 있지요. 그럼 헛걸음하거나 오랫동안 줄을 서고 대기하는 수고가 줄어들 거예요.

스마트 시티는 우리가 도시의 놀거리를 찾아다니게 하지 않아요. 도시가 직접 놀거리가 되어 우리를 찾아오지요.

스마트 시티에서는 안심할 수 있어!

앞에서 말한 대로, 우리나라는 화재와 사고를 방지하기 위해 스마트 시티를 만들기 시작했어요. 도시의 지하에 설치된 전깃줄이나 수도관, 가스관 등 잘못 건드리면 위험한 주요 기반 시설을 빠짐없이 기록하고 조심스럽게 다루는 것이 목표였지요. 요즘은 스마트 시티 기술이 단순히 위치를 기록하는 일을 넘어, 적극적으로 사고를 예방하고 불편을 줄이는 데 활용되고 있어요.

공사 때문에 물이나 전기 공급을 멈춰야 할 때 옛날에는 전단지로 안내하거나 사이렌을 틀고 안내 방송을 했어요. 혹시라도 안내 방송을 놓치면 단수나 단전에 대비하지 못해 불편을 겪는 일도 있었지요. 하지만 스마트 시티에서는 그 지역에 사는 사람들에게 문자 메시지를 보내 보다 신속하고 정확하게 안내해요.

이전보다는 나아졌지만 여전히 도시 곳곳에서 화재, 누수, 감전 같은 사고가 일어나곤 해요. 만약 사고 현장을 목격했다면? 얼른 119에 신고해야겠지요. 신고가 늦어지면 피해가 커질 테니까요.

이때 겉만 보고 사고의 원인을 잘못 파악해 문제가 생기는 경우가 있어요. 예를 들어 기름에 불이 붙어 일어난 화재는 물로는 쉽게 끌 수 없어요. 물을 끼얹어도 기름이 물 위로 떠오르기 때문에 불이 쉽게 꺼지지 않거든요. 이럴 때는 특수한 화학 약품을 뿌려 불을 꺼야 해요. 이처럼 사고의 원인을 미리 알지 못하면, 화재를 진압하는 데 어려움을 겪을 뿐만 아니라, 시간이 오래 걸려 피해가 커져요.

스마트 시티의 건물 곳곳에는 여러 센서가 설치되어 있어요. 그 센서들이 연기나 불꽃을 감지하면 경고음이 나면서 대피하라는 메시지가 나와요. 그럼 소방차도 얼른 출동하겠지요?

이 센서들은 불의 온도나 불이 퍼지는 모습, 연기 등을 분석해 화재의 원인을 재빨리 파악할 수 있어요. 그 덕분에 소방차는 불을 끄기에 가장 알맞은 장비를 갖춰 출동할 수 있고, 시간도 아낄 수 있지요.

오래된 학교나 아파트의 비상벨은 쉽게 고장이 나기도 해요. 불이 나지 않아도 비상벨이 마구 울릴 때가 있지요. 이처럼 스마트 시티의 센서도 오류가 생기지는 않을까요? 걱정하지 않아도 괜찮아요. 와이파이로 연결된 센서는 빛, 온도, 연기 등 여러 정보를 종합해 진짜 불이 났는지 판단하니까요.

경고음이 울리고 구조대나 소방차가 출동하면 가장 먼저 위험에 빠진 사람을 구해요. 그때 사고 현장에 얼마나 많은 사람이 남아 있고 어디에 있는지를 우선적으로 알아내야 해요. 그래야 한 명도 빠짐없이 구할 수 있으니까요. 지금까지는 먼저 구출된 사람에게 안에 남은 사람이 있는지 묻거나 출석부 같은 명단을 이용했어요. 하지만 기억이나 기록은 정확하지 않을 수도 있어요.

스마트 시티에서는 좀 더 확실하게 사고 현장에 남아 있는 사람의 숫자와 위치를 알아낼 수 있어요. 건물에 설치되어 있는 여러 개의 카메라와 센서가 소방차로 정보를 보내 줄 테니까요.

물론 불이 나거나 지진이 나면 기계가 고장 날 수도 있어요. 그래서 또 다른 방법도 준비되어 있답니다. 바로 휴대 전화예요. 휴대 전화에서 나오는 전파 신호를 통해 사고 난 곳에 있는 사람의 수와 위치를 알 수 있거든요. 요즘은 대부분의 사람들이 휴대 전화를 들고 다니잖아요.

휴대 전화를 이용해 사람의 수를 세는 기술은 이미 조금씩 사용되고 있어요. 아직은 사람의 정확한 수와 위치까지는 알지 못하지만 커다란 광장에 모인 사람의 대략적인 숫자는 셀 수 있는 정도랍니다.

이런 기술들이 스마트 시티 기술과 합쳐진다면 좀 더 정밀하고 신속하게 사고를 파악하고, 위험에 처한 사람을 구조하는 데 도움이 될 거예요. 구조대원들도 안전하게 구조 활동을 할 수 있게 되겠지요.

삐빅, 택배입니다

터치 몇 번이면 집 앞까지 물건을 가져다주는 택배는 참 편리한 서비스예요. 그래서 사람들이 택배를 주고받는 양이 갈수록 늘고 있어요. 택배 없는 시대에는 어떻게 살았는지 까먹었을 정도지요. 뭔가를 살 때마다 매번 밖에 나가 직접 확인하고 비교하고 골라서 가져오는 건 너무 힘든 일이에요. 시간도 많이 걸리고 불편하지요. 이제 택배는 우리 삶에 없어서는 안 될 존재가 되고 말았어요.

하지만 그 많은 택배를 일일이 배송하는 것은 쉬운 일이 아니에요. 시간과 비용, 에너지가 많이 들어가지요. 물건들을 분류해서 커다란 트럭에 실어 보내고, 택배 기사가 트럭을 몰고 다니며 하나하나 주소를 찾아가 물건을 지정된 장소에 놓아 두어야 해요. 무거운 물건이라도 있으면 힘이 배로 들지요. 트럭이 많이 다닐수록 그만큼 이산화 탄소와 매연이 발생하니 환경에도 좋지 않고요.

여러 인터넷 쇼핑몰에서 이러한 문제를 해결하기 위해 고민했어요. 그리고 택배 트럭 대신 드론으로 물건을 배송하는 기술을 연구했지요. 그중에서도 미국의 인터넷 쇼핑몰인 아마존이 가장 활발하게 드론 택배를 연구했어요.

미국은 땅이 넓고 집과 집 사이의 거리가 멀어서 그만큼 택배를 배송하는 데 많은 비용과 시간이 들어요. 이럴 때 커다란 택배 트럭 대신 작은 드론이 날아가 물건을 내려놓고 돌아온다면 비용도 아끼고, 배송도 훨씬 빨라질 거예요.

그런데 드론 택배는 예상했던 것과 달리 큰 효과를 거두지 못했어요. 드론 택배는 드론에 달린 AI로 길을 찾는데 정확한 배송 위치를 파악하기 어려웠고, 높은 건물이 많은 도시에서는 어딘가에 충돌할 위험도 있었거든요. 그래서 섬같이 드론 택배가 꼭 필요한 곳부터 조금씩 드론 택배를 활용하면서 점차 범위를 넓히고 있어요.

지금은 특별한 곳에만 쓰이는 드론 택배지만 스마트 시티와 함께한다면 매우 편리한 배송 수단이 될 거예요. 스마트 시티의 강력한 AI가 주변 건물을 피해 목적지에 잘 찾아갈 수 있게 안내한다면, 드론은 정확하고 안전하게 택배를 배송할 수 있게 될 테니까요.

또 스마트 시티 기술이 적용된 건물에서 직접 드론으로 신호를 보내 위치를 알려 준다면 드론은 안전한 길을 따라가며 장애물을 더 쉽게 피할 수 있을 거예요.

단독 주택이라면 드론이 마당이나 현관문에 택배를 내려놓고 가면 될 거예요. 하지만 아파트나 다세대 주택이 빼곡한 도시라면? 택배를 내려놓을 장소가 없다는 문제가 생겨요. 그래서 스마트 시티에서는 택배 드론 착륙장을 계획하기도 해요. 택배를 받을 사람이 집에서 가까운 착륙장으로 직접 찾아가 물건을 가져오면 되지요. 어쩌면 택배 기사를 대신해 착륙장에서 집 앞까지 물건을 옮겨 주는 직업이 생길지도 몰라요.

가능하다면 집에 드론 착륙장을 만들 수도 있어요. 드론 택배를 직접 집에서 받을 수 있다면 정말 편하겠지요?

코로나19 팬데믹 이후 택배만큼 중요해진 것이 하나 더 있어요. 바로 음식 배달이에요. 요즘은 먹고 싶은 음식이 있을 때 음식점까지 가지 않아도 돼요. 배달 앱 덕분이지요. 앱으로 주문만 하면 원하는 음식을, 원하는 곳에서 먹을 수 있어요.

우리나라는 예전부터 여러 음식을 배달시켜 먹었어요. 주로 피자나 짜장면, 치킨 정도였지만 이젠 배달 앱 덕분에 시킬 수 있는 음식의 종류가 늘어났어요. 이웃 나라인 일본은 원래 음식을 배달시켜 먹는 경우가 거의 없었지만 배달 앱이 널리 퍼지며 배달 문화가 생겨나기도 했어요.

스마트 시티 기술과 드론을 활용한다면 음식 배달도 더 편해질 거예요. 더 먼 곳까지, 더 빠르게 배달할 수 있어 그동안 거리가 멀어서 배달시키지 못했던 음식도 집에서 먹을 수 있을 거예요. 만약 다른 사람들 몰래 음식을 배달시키고 싶다면? 그것도 문제없어요. 꼭 현관에서 음식을 받지 않아도 되거든요. 창문을 통해 받을 수도 있으니까요. 스마트 시티가 드론과 음식점, 소비자를 연결해 준 덕분이에요.

스마트 시티에서는
택배도, 음식 배달도 더욱 편하게
이용할 수 있어요.

화재 원인을 밝혀라!

백화점 건물에서 불이 났습니닷! 구조대가 바로 출동해
아무도 다치지 않았지만 불이 난 원인을 모른다고
합니닷!

당장 가 보자끆! 먼저 백화점 내부 음식점의 가스 시설
상태부터 봐야겠다끆!

스마트 시티 기록에 따르면 가스 경보기도 울리지
않았고, 사용한 가스의 양도 일정했다고 합니닷!

그럼 전기 때문에 불이 났을 수도 있다끆. 전기 사용량을
찾아봐야겠다끆!

이 건물은 태양열 전지판으로 만드는 전기가 남아 다른
건물에 전기를 빌려주고 있었다고 합니닷!

전기를 과하게 쓴 것도 아니라면, 혹시 누가 일부러 불을
내거나 담배꽁초를 버린 거 아니냐뀨.
앗! 이 흔적은? 건물의 남은 전기를 저장하는 배터리의
상태를 봐야겠다뀨!

배터리는 이미 불타 사라졌지만 전기 사용 기록을 보면
정보가 남아 있을 겁니닷!

여기, 원인을 찾았다뀨! 배터리에 너무 많은 전기를
억지로 밀어 넣다 과충전된 거라뀨! 전기가 많이 남았을
때는 저장을 잘해야 한다뀨. 아끼다가 똥 되면 안 된다뀨!

자연과 인간
그리고
도시가 함께

도시가 되살아나!

새로운 도시, 사람이 많은 도시, 커다란 도시만 스마트 시티로 만들 수 있을까요? 절대 그렇지 않아요! 어떤 도시든 스마트 시티로 다시 태어날 수 있답니다.

도시가 항상 성장하기만 하는 것은 아니에요. 교통수단의 변화로 사람들이 오가지 않게 되거나, 근처에 다른 크고 좋은 도시가 생기면 사람들이 옮겨 가기도 해요. 자연히 일자리가 줄어들며 사람들이 빠져나가 점점 비어 가는 도시도 많지요.

도시에서 사람들이 빠져나가면 마트나 옷가게, 식당 등도 손님이 줄어 문을 닫아야 해요. 그러면 도시는 더욱 살기 불편해지지요. 이런 일이 꼬리에 꼬리를 물고 일어나면 활기가 넘치던 도시도 오래된 건물만 잔뜩 서 있고 사람은 보이지 않는 유령 도시로 변해 버리고 말아요.

이렇게 쇠퇴해 가는 도시를 되살려 살기 좋은 도시로 만드는 일을 '도시 재생'이라고 해요. 도시 재생에는 새로운 일자리를 만들거나, 편리한 시설을 만드는 등 여러 가지 방법이 있어요. 그중에는 스마트 시티 기술을 이용한 스마트 도시 재생도 있답니다.

역사가 긴 도시에는 오래된 건물들이 많이 남아 있어요. 도시가 쇠퇴해도 이런 건물이 가진 역사적 의미나 문화적인 가치는 남아 있어요. 그래서 이런 건물을 유적으로 만들면 도시를 찾아오는 사람이 늘어나게 되지요.

낡은 집들도 허물지 않고 잘 꾸미면 영화 세트장처럼 옛날 분위기를 내는 특별한 모습으로 변해요. 오래된 건물을 테마파크처럼 만드는 거예요. 여기에 AR 기술을 이용해 도시의 옛날 모습도 볼 수 있게 하면 도시의 역사와 함께 멋진 풍경도 볼 수 있는 좋은 구경거리가 되지요.

도시 재생의 대표적인 사례로 캐나다의 '그랜빌 아일랜드'가 있어요. 그랜빌 아일랜드는 캐나다의 항구 도시인 밴쿠버에 딸린 작은 섬으로, 한때는 공장과 창고가 가득 차 있었어요. 하지만 점차 경제가 나빠지면서 이 섬은 폐공장과 버려진 창고만 남은 섬이 되었지요. 하지만 폐건물을 다시 꾸미고 미술관이나 공연장으로 재활용한 덕분에 이제 그랜빌 아일랜드는 캐나다의 새로운 문화 중심지가 되었어요.

그랜빌 아일랜드

    낡은 도시는 도로가 좁은 경우가 많아요. 그래서 자동차가 다니지 못해 불편하지요. 이런 경우 건물을 무너뜨리고 길을 넓혀 문제를 해결할 수 있어요. 하지만 그렇게 하면 오래된 건물을 부숴야 할 뿐만 아니라 그 과정에서 콘크리트 덩어리나 철근 등 커다란 쓰레기가 많이 나와요. 이런 건축 폐기물 쓰레기를 땅에 묻으면 오래된 건축용 자재나 녹슨 철에서 오염 물질이 나와 땅을 오염시킬 수 있어요.

그래서 건물을 부수는 대신 스마트 시티 기술을 이용해 교통 문제를 해결하는 방법이 연구되고 있어요. 공유 자전거, 스마트 대중교통, 드론 배달 등 여러 스마트 시티 기술이 부족한 도로 시설을 대신하는 거예요. 그러면 큰 공사를 하지 않고도 도시에 사는 사람들의 불편함을 해결할 수 있지요.

오래된 도시일수록 꼭 필요한 시설이 있어요. 바로 병원이에요. 오래된 도시에는 몸이 약한 노인들이 많아요. 도시에서 사람이 빠져나갈 때 일거리를 찾는 젊은이들이 먼저 빠져나가고 나면 주로 노인들이 남기 때문이에요.

꼭 노인이 아니더라도 병원은 사람들의 건강을 책임지는 중요한 곳이에요. 그렇다고 해서 도시 한복판에 큰 병원을 뚝딱 짓기는 어려워요. 병원에서 환자를 돌볼 의사를 찾는 일은 더 어렵고요.

이럴 때 활용할 수 있는 기술이 바로 '원격 진료'예요. 일일이 병원에 가는 대신 스마트폰이나 컴퓨터 등의 화면으로 의사를 만나 진료를 받는 거예요. 한때 코로나19 때문에 어쩔 수 없이 원격 진료를 받는 사람도 있었지만, 병원을 오가거나 병원에서 기다리는 시간을 아낄 수 있어 무척 편리한 방법이지요. 무엇보다 병원에 가기 어려운 환경에 있는 사람에게 도움이 되는 기술이랍니다.

　원격 진료는 매우 편리하지만 아직 일상적으로 쓰이지는 않아요. 의사가 환자를 직접 볼 수 없어 잘못된 진단을 내리거나 엉뚱한 약을 먹게 되는 문제가 생길 수 있기 때문이에요. 하지만 스마트 시티에서는 다를 거예요. 전용 앱을 통해 가까운 병원을 찾아 연결해 주고 카메라와 다양한 센서, 집에서 사용하는 의료기기 등을 스마트폰과 연결해 더 정확하게 진료받을 수 있도록 개선할 예정이거든요. 그러면 병원을 늘리지 않고도 많은 사람이 필요한 진료를 받으며 건강을 지킬 수 있겠지요?

스마트 도시 재생 기술은 낡은 도시의 다양한 문제를 찾아 해결하며 오래된 도시도 살기 좋은 도시로 만들어 줄 거예요. 이와 함께 도시에서 나오는 쓰레기를 줄여 오염을 방지하니 환경에도 이롭지요.

어떻게 만들어 나갈까?

　지금 세계 여러 도시에서 사용되고 있거나, 곧 사용될 스마트 시티 기술은 사실 어려운 기술이 아니에요. 이미 세계 곳곳에서 쓰이고 있거나 활발히 연구되고 있는 기술들을 하나로 묶어 도시에 적용한 것이 대부분이지요. 따라서 시간이 지나 기술이 더욱 발전하면 스마트 시티도 그만큼 더 발전할 거예요.

　먼 미래의 스마트 시티는 어떤 모습일까요? 수백 층 빌딩이 높이 서 있는 도시? 자동차가 하늘을 날아다니는 도시?

　스마트 시티의 진짜 목적은 도시에 사는 사람들이 행복하게 사는 것과, 도시가 자연과 어우러져 오랫동안 사람들의 터전이 되는 것이에요. 이 목적들을 이루려면 가장 우선적으로 사람들에게 무엇이 필요한지 잘 알아야만 해요. 하지만 스마트 시티를 만드는 사람들이나 AI가 아무리 고민한다 해도 도시의 모든 불편함을 알 수는 없어요. 그래서 스마트 시티에서는 사람들의 불편함이 잘 전달되어야 한답니다.

오늘날 사람들은 다양한 방법으로 자신에게 필요한 것을 요구해요. 정부에서 여는 회의에 참석할 수도 있고, 단체를 만들어 의견을 전달할 수도 있어요. 또 정치인이나 기업가에게 직접 말하는 방법도 있지요. 하지만 누구나 이런 방법을 쓰는 것은 아니에요. 시간과 노력이 필요하고, 의견을 전부 전달하기 쉽지 않거든요.

스마트 시티에서는 좀 더 활발히 의견을 주고받을 수 있어요. 인터넷 사이트나 스마트폰 앱을 통해 언제든 이야기를 나눌 수 있으니까요. 필요하다면 직접 모여 이야기할 수도 있고요. 모임을 위한 복잡한 서류나 과정도 필요하지 않아요! 버튼을 몇 번만 누르면 간단하게 주민 센터나 도서관 회의실을 빌릴 수 있지요. 이렇게 모인 의견을 AI나 도시 전문가들에게 전달하면 도시는 점차 편리하게 바뀌어 갈 거예요.

앞으로 스마트 시티는 지구와 도시를 깨끗하게 만들 수 있는 다양한 아이디어들을 받아들여 사람들의 불편함을 빠르게 해결할 거예요. 우리가 필요한 지식이나 기술을 배워 새로운 환경에 적응해 가는 것처럼 말이에요.

스마트 시티, 문제는 없을까?

편리하고 환경에 이로운 스마트 시티지만 이곳에서 안전하게 생활하려면 반드시 해결해야 하는 문제들도 있답니다. 어떤 문제냐고요?

스마트 시티에서는 인터넷으로 도시의 정보를 수집해요. 그 과정에서 도시에 사는 사람들의 정보도 컴퓨터에 수집되지요. 개인 정보가 좋은 목적으로만 쓰이고 다른 사람의 손에 들어가지 않는다면 문제가 없을 거예요. 하지만 각종 비밀번호나 스마트폰 잠금 패턴, 가족들의 이름과 전화번호가 모르는 사람에게 유출될 수도 있어요. 이것이 범죄에 악용된다면 정말 큰일이지요.

또 수집된 정보가 사람들을 감시하기 위한 도구로 쓰일 수 있다는 점도 문제예요. 정치인이나 도시 관리자가 나쁜 의도로 사람들을 감시하거나 조종한다면 개인이 알아채기 어려울 거예요.

AI가 문제를 일으킬 수도 있어요. AI의 실수는 반드시 해결해야 해요. AI가 카메라나 센서의 정보를 잘못 읽고, 잘못된 판단을 내리면 도시가 제대로 돌아가지 못할 테니까요. 사람이 일일이 관리하지 못하는 문제를 대신 처리하는 AI를 잘 지켜봐야겠지요?

사람들이 AI의 작동을 감시하고 잘못된 판단을 곧바로 수정한다면 영화처럼 AI에게 지배를 당하거나 해를 입는 일은 없을 거예요.

　스마트 시티는 완벽한 도시가 아니라, 사람들을 위해 계속해서 변화하고 발전하는 도시랍니다. 미래의 스마트 시티는 지속적으로 문제점을 해결하는 과정에서 더욱 살기 좋은 도시가 될 거예요.

스마트 시티는 사람들을 위해 계속 변화하고 발전해요.

공존하는 도시

스마트 시티가 환경을 지키는 스마트 그린 시티가 되려는 이유는 무엇일까요? 물론 특별한 이유가 없더라도 지구 환경은 꼭 지켜야 해요. 하지만 이런 이유 말고도 스마트 그린 시티가 되려는 데에는 확실한 목표가 있답니다. 바로 '지속 가능성'이지요.

도시에는 정말 많은 사람이 살고 있어요. 사람들은 도시의 공장에서 열심히 일해 물건을 만들고, 그 물건을 사고팔며 필요한 곳으로 이동시켜요. 또 새로운 기술을 연구해 과학과 문화를 발전시키기도 하지요. 도시는 우리 사회에서 꼭 필요한 곳이에요.

하지만 많은 사람이 도시에 모여 살다 보니 여러 문제도 생겼어요. 수많은 사람이 먹고 일하고 생활하며 에너지와 자원이 집중적으로 소모되었어요. 또 도시에서는 식량을 만들어 내기 어렵다 보니 농어촌에서 생산한 곡식과 채소, 고기 등이 도시로 유통되어 빠르게 소비되었지요.

도시는 쓰레기도 많이 나와요. 가정에서 나오는 생활 쓰레기, 공장에서 나오는 폐기물, 물건을 사고팔 때 나오는 각종 쓰레기 등이 날마다 쏟아지다시피 나와요.

도시는 인간의 삶을 편리하게 해 주었지만 환경에는 나쁜 영향을 끼쳐 왔어요. 이런 도시가 계속해서 늘어나며 커진다면 결국 환경은 되돌릴 수 없이 망가지고 지구는 생명이 살 수 없는 곳이 될지도 몰라요.

스마트 그린 시티는 다양한 방법으로 에너지의 사용을 줄이고, 스스로 에너지를 만들어 내요. 도시에서 발생하는 쓰레기도 줄여 환경에 영향을 적게 주려 노력하지요.

완벽하지 않아도 좋아요. 자연은 스스로 물을 깨끗하게 만들고 쓰레기를 분해하는 정화력을 가졌으니까요. 도시에서 발생하는 환경 오염이 그 정화력을 넘지 않는다면 도시와 자연은 영원히 함께할 수 있을 거예요. 그리고 스마트 시티는 도시와 자연의 공존이 지속 가능하도록 힘껏 도울 거예요!

도시로 돌아온 친구들

 도시에서 사라졌던 동물 친구들이 돌아오고 있다고
합니닷!

 어떤 친구들이냐뀨? 어서 맞이하러 가야겠다뀨!

나야, 왜가리!
도시의 강과 개울이 재자연화되었다는 소식을 듣고
돌아왔지. 청계천으로 물고기나 사냥하러 가 볼까?

정말 많은 동물들이 도시에 돌아왔다뀨!

 그만큼 도시의 환경이 좋아지고 있다는 신호입니닷!

 그런데 내 입장에선 꼭 좋기만 한 건 아니라뀨. 뱀이 너무 무섭다뀨! 돌아온 동물들과 도시 사람들이 서로 공존할 방법을 찾아야 한다뀨!

요즘 도시에 공원이랑 녹지가 늘어 알 낳기 딱 좋더라. 우리 한국 뱀들은 독이 강하지 않고 쥐를 사냥하는 이로운 동물이야. 그러니 너무 미워하지 말아 줘.

출몰주의

우린 한국 여우와 친척이야. 멸종된 한국 여우 대신 한국에 잘 적응하며 사는 중이지. 숲에 살지만 가끔 도시 구경하러 내려온단다.